Nischenbrüter,
die auch Halbhöhlen-Nistkästen annehmen

Rotkehlchen
Halbhöhlenkasten

Spezialkästen

Hausrotschwanz
Halbhöhlenkasten

Zaunkönig
Spezielle Zaunkönigkugel

Bachstelze
Halbhöhlenkasten

Rauch- u. Mehlschwalbe
Künstliches Schwalbennest

Grauschnäpper
Halbhöhlenkasten

Am Ende des Buches finden Sie die Vogeluhr. Sie gibt an, wann welcher Vogel morgens mit seinem Gesang beginnt.

Holger Haag

Unsere Gartenvögel
beobachten und schützen

KOSMOS

Inhalt

Der
VOGELFREUNDLICHE
GARTEN

„Was fliegt denn da?" Mit dieser Frage geht's meistens los. Zeigt sich ein hübscher Vogel, ist das Interesse geweckt. Für den Start als Vogelbeobachter ist der Garten ideal. Die Vielfalt der Arten ist übersichtlich und die häufigsten Arten erkennen Sie schnell wieder. Außerdem ist es schön bequem, von Fenster oder Gartenstuhl aus die Tiere zu beobachten. Je größer das Interesse an der Vogelwelt wird, desto eher stellt sich die Frage, wie Sie den Garten vogelfreundlich gestalten können. Wenn Sie den Vögeln Gutes tun, können Sie neue Arten anlocken, die sich dort bisher nicht wohl gefühlt haben.

Eine Blaumeise inspiziert emsig den Gartenzaun nach Insekten.

Ob sich eher viele oder wenige Vögel im Garten tummeln, hängt vor allem vom Angebot an Nahrung ab. Die Vielfalt können Sie durch die entsprechende Gartengestaltung steuern. Ein Garten, in dem jedes Insekt bekämpft wird, ist aus der Sicht der Vögel eine Nahrungswüste. Besonders zur Zeit der Jungenaufzucht sammeln die Vogeleltern viele Insekten. Die wiederum leben an heimischen Bäumen, Sträuchern und Blumen.

Gut geeignet sind z. B. Obstbäume, Weiden, Schwarzdorn, Holunder, Heckenrose oder Haselnuss. Dagegen sind Hecken aus Kirschlorbeer, Thuja oder Forsythien in unserer Insektenwelt sehr unbeliebt, da diese Ziergehölze aus Asien oder Nordamerika stammen.

SCHON GEWUSST?

Eine Kohlmeisenfamilie frisst im Jahr ca. 30 kg Insekten. Einen besseren Insektenvertilger kann es im Garten nicht geben.

Kohlmeise

Im Sommer oder Herbst liefern die heimischen Pflanzen leckere Früchte. Zu den beliebtesten Beerensträuchern gehören Brombeeren und Holunder. Allein am Holunderstrauch haben Forscher schon über 62 verschiedene Vogelarten beim Fressen der Beeren beobachtet. Ähnlich sieht es bei der Eberesche (s. Foto unten) aus, die deswegen auch Vogelbeerbaum heißt.

HERBSTTIPP

Lassen Sie vertrocknete Pflanzen stehen und das Laub unter den Büschen liegen. Hier suchen Insektenfresser wie Rotkehlchen oder Heckenbraunelle nach versteckten Insekten und Spinnen.

Für körnerfressende Arten können Sie samentragende Pflanzen säen, z. B. Sonnenblumen, Disteln, Ampfer, Wilde Möhren, Mohnblumen oder Knöteriche. Ein richtiger Magnet für Würmer, Insekten und Spinnen ist der Komposthaufen und damit ein regelrechtes Paradies für Vögel.

Eberesche

Ein abwechslungs-
reicher Garten bietet
sowohl Bäume und
Sträucher mit Brut-
plätzen als auch ver-
schiedene Stauden
und Blumen, die
Insekten anlocken
und Samen bilden.

Bäume und dichte Hecken bieten aber nicht nur
Nahrung, sie dienen auch als Brutplatz. Je dichter und
dorniger, desto besser. Besonders Grasmücken brüten
gerne in dichtem Gebüsch. Für Grünling, Birkenzeisig
oder Tannenmeise ist eine Gruppe mit Nadelbäumen
ideal, z. B. aus Wacholder, Eibe, Kiefer oder Fichte.
Ein Reisighaufen in einer ruhigen Ecke bietet
vielen Tieren Unterschlupf. Bestimmt entdecken Sie hier Zaunkönig oder Rotkehlchen.

Dichtes Gebüsch ist auch ein guter Schutz vor Fein-
den. Saust ein Schwarm Spatzen hektisch in die Hecke,
können Sie nach einem Sperber Ausschau halten. Aber
auch vor Katzen warnen viele Vögel aus einem sicheren
Versteck. Im Winter holen sich Vögel, z. B. Kohlmeisen,
schnell ein Sonnenblumenkorn aus dem Futterhäuschen,
um es dann im sicheren Schutz der Hecke zu fressen.

In einer begrünten Hauswand aus Efeu oder wildem Wein finden Amseln, Zaunkönige oder sogar Schwanzmeisen einen versteckten Brutplatz. Hier hat ein Grauschnäpper sein Nest gut getarnt im Efeu gebaut.

KINDERSTUBEN
in
HÖHLEN UND
NISTKÄSTEN

Viele Gartenvögel brüten in Höhlen, Halbhöhlen oder in Nischen. Doch leider mangelt es in den meisten Gärten an solchen Brutmöglichkeiten. Es fehlen alte Bäume oder abgestorbene Äste. Glücklicherweise nehmen viele Arten auch erfolgreich künstliche Nisthilfen an. So ist der klassische Meisenkasten besonders für Blau- und Kohlmeisen geeignet. Aber auch Kleiber, Haus- und Feldsperling können hier einziehen. So ein Kasten lässt sich aus Holz leicht selbst bauen (s. S. 16). Ebenfalls gut und etwas stabiler und langlebiger sind Nistkästen aus Holzbeton, die der Fachhandel anbietet.

GARTENTIPP

Verteilen Sie viele Meisenkästen im Garten, so gibt es weniger Streitereien um die Kästen. Auch die Blaumeise bekommt so eine Chance. Das Foto zeigt junge Blaumeisen, kurz nach Verlassen der Nisthöhle.

Halbhöhlenkästen sind den Meisen-Vollhöhlenkästen sehr ähnlich, sie sind aber etwas niedriger und die Vorderfront hat oben einen breiten Schlitz. Hier ziehen Grauschnäpper, Hausrotschwanz oder Bachstelze gerne ein. Außerdem gibt es noch ganz spezielle Nisthilfen, die nur von bestimmten Vogelarten bezogen werden, z. B. die Zaunkönigkugel, der Baumläuferkasten, künstliche Schwalbennester, der Mauerseglerkasten oder Höhlenkästen mit ovalen Einfluglöchern für den Gartenrotschwanz. Am besten bauen Sie bei der Hausrenovierung gleich entsprechende Nisthilfen in die Fassade mit ein.

Das Rotkehlchen nimmt versteckt angebrachte Halbhöhlen-Nistkästen an und baut sein offenes, napfförmiges Nest hinein.

Neben den künstlichen Nisthilfen sind natürliche Nistangebote ideal. Dazu gehören Reisighaufen, Holzstapel oder Steinhaufen. Für Baumläufer, Rotkehlchen oder Zaunkönig hat sich ein Bündel Tannenzweige bewährt, das – als Tasche gebogen – an einen Baumstamm gebunden wird.

Manchmal mangelt es an Baumaterialien für die Vögel, besonders Weiches zum Auspolstern ist sehr willkommen. Stopfen Sie Wolle oder Federn aus einem Kissen in ein leeres Zitronennetz. Meisen und Spatzen nehmen es begeistert an.

Ein Vollhöhlenkasten für Meisen ist leicht selbst gebaut. Die nach unten verlängerte Front sorgt für einen guten Regenwasserablauf und erleichtert das Öffnen zur Reinigung des Nistkastens.

Für den Bau eines Meisenkastens benötigen Sie ca. 2 cm dicke Massivholzbretter z. B. aus Fichte oder Kiefer mit folgenden Maßen:

→ **Boden**: 13 cm x 13 cm

→ **Seitenteile**, 2 Stück: vorne 28 cm hoch, hinten 24 cm hoch (anschrägen), x 15 cm breit

→ **Vorderseite**: 25 cm hoch x 13 cm breit, Einflugloch in 20 cm Höhe bohren

→ **Rückseite**: 28/28,5 cm hoch (abschrägen) x 17 cm breit

Der Durchmesser des Einfluglochs bestimmt, welche Vogelarten hineinschlüpfen können (s. Umschlaginnenseite vorne und S. 1).

→ **Dach**: 20 cm x 23 cm

→ **Aufhängeleiste**: ca. 60 cm lang, 5 cm stark

Ansonsten: Bohrmaschine mit Bohraufsatz zum Einbohren des Einfluglochs, Nägel oder Schrauben, zwei Schraubhaken, evtl. Draht zum Aufhängen, wenn Sie auf eine Aufhängeleiste verzichten.

Sind die Zuschnitte gemacht, ist das Häuschen schnell zusammen-gezimmert.

Die Front wird beidseitig oben mit zwei Nägeln (Drehachse) fixiert, unten mit drehbaren Schraubhaken gesichert.

GARTENTIPP

Hängen Sie den Kasten schon im Winterhalb-jahr in zwei bis vier Meter Höhe auf, dann können die Vögel ihn schon früh inspizie-ren und rechtzeitig im Frühjahr besetzen. Das Einflugloch sollte zur Nicht-Wetterseite zeigen, also nach Osten oder Südosten.

VÖGEL
im GARTEN
FÜTTERN

Futter ist zusammen mit dem Angebot an Nistplätzen
der größte Anreiz für einen Vogel, in den Garten zu kommen. Was liegt da also näher, als einen Futterplatz im
Garten einzurichten. Da nicht alle Vögel den gleichen Ge-
schmack haben, sollte die Futtervielfalt möglichst groß
sein. Was ein Vogel frisst, ist an der Form des Schnabels
zu erkennen. Die Finken, Spatzen und Ammern haben
dicke, kräftige Körnerfresserschnäbel. Bei den Insekten-
bzw. den Weichfutterfressern, wie Rotkehlchen oder
Heckenbraunelle, ist der Schnabel spitz wie eine
Pinzette. Daneben gibt es noch Vögel wie Amsel
oder Meisen, die beides fressen, besonders
im Winter, wenn die Nahrung knapp wird.

Dieser Tisch
ist abwechs-
lungsreich
gedeckt mit
Äpfeln, selbst-
gefüllter Fett-
Futterglocke
und gesammel-
ten Beeren.

Kohlmeise

FUTTERTIPP

Anschleichen zwecklos: Die Futterstelle dort anlegen, wo die Vögel einen guten Überblick haben. So können sie Feinde, z. B. Katzen, schnell ausmachen.

Schwanzmeise

Der Klassiker ist sicher das Futterhäuschen. Hier werden Körnermischungen mit Sonnenblumenkernen, Hanf, Getreide oder Nussbruch angeboten. Das Futterhaus muss regelmäßig gereinigt werden, da es schnell mit Vogelkot verunreinigt wird. Pflegeleichter ist dagegen ein Futterspender oder ein Futtersilo. Das Futter ist hier gut gegen Feuchtigkeit und Vogelkot geschützt und es fließt nur so viel Futter nach, wie die Vögel fressen. Besonders beliebt sind Spender gefüllt mit Erdnüssen.

Besonders energiereich sind Fett-Körner-Gemische. Am bekanntesten ist der Meisenknödel oder der Meisenring. An Bäume, Sträucher oder den Balkon gehängt, lockt er schnell Vögel an. So ein Fett-Gemisch lässt sich leicht selbst herstellen. Nehmen Sie ausgelassenen Rindertalg vom Metzger. Das Fett im Topf schmelzen, etwas Speiseöl dazu und dann die Körnermischung in das flüssige Fett geben und verrühren. Jetzt füllen Sie den etwas abgekühlten, zähflüssigen Brei in originelle Formen, z. B. in Futterglocken (Blumen-Tontöpfe), in Back-Ausstecherförmchen, schmieren ihn in Pinienzapfen oder streichen ihn direkt in die grobe Rinde eines Baumes. Ganz exklusiv sind Energiekuchen mit getrockneten Insekten, Erdnussmehl oder Beeren.

Buntspecht

FUTTERTIPP

Bucheckern, Hagebutten, Vogel- und Holunderbeeren im Herbst für die Futtermischungen sammeln, ggf. trocknen oder einfrieren. Später in das geschmolzene Fett einrühren und in Formen füllen.

Vögel benötigen im Garten zum Trinken eine flache Wasserstelle. Eine Vogeltränke oder sogar ein kleiner Gartenteich sind perfekt, um viele Vögel beim Trinken oder beim Baden zu beobachten. Nicht nur Wasserbäder sind beliebt. Um Parasiten und überschüssiges Fett aus den Federn zu bekommen, ist auch ein Bad in Staub oder Sand sehr effektiv. Da es heute weniger staubige Straßen und Wege gibt, freuen sich die Vögel über eine sonnige Stelle für ein Sandbad im Garten.

Das ausgiebige Sandbad scheint dem Haussperling-Weibchen sehr zu gefallen.

Achten Sie bei der Platzwahl – sowohl für Wasser- als auch für Sandbäder – auf freie Sicht und fehlende Deckung, die anschleichende Räuber ausnutzen könnten.

Der Grünfink nutzt den Uferbereich des Gartenteichs für die Gefiederpflege.

Vorsicht! Große Glasscheiben oder Wintergärten, die eine Durchsicht gewähren oder Himmel und Bäume spiegeln, nehmen Vögel nicht wahr. Sie fliegen oft frontal dagegen. Die häufig benutzten Greifvogelsilhouetten können den Vogeltod kaum verhindern. Besser ist es, die Scheiben dicht mit beliebigen Aufklebern zu versehen. Wirksam sind auch Markierungen, die das für Vögel sichtbare UV-Licht reflektieren und für uns unsichtbar sind. Diese können Sie aufkleben oder mit dem „Birdpen" aufmalen. Leider ist der „Birdpen" nicht die perfekte Lösung. Er verhindert nur höchstens ein Drittel der Anflüge und muss immer wieder neu aufgetragen werden, mindestens nach jedem Fensterputz. Eine einfachere Lösung sind sicher Gardinen.

VÖGEL im GARTEN
BEOBACHTEN

Zur Vogelbeobachtung benötigen Sie lediglich ein gutes Fernglas und ein Bestimmungsbuch. So können Sie bequem und getarnt vom Fenster aus dem munteren Treiben im Garten zusehen. Gartenvögel gewöhnen sich aber auch schnell an Menschen, wenn sie regelmäßig im Garten sind, und können sogar recht zutraulich werden. So kann es passieren, dass Ihnen die Meisen oder Spatzen die Kuchenkrümel vom Teller klauen. Es lohnt sich, eine „Gartenliste" anzulegen und dort Datum, Vogelart und Anzahl der Vögel aufzuschreiben. Sicher ist hin und wieder ein Highlight darunter oder ein Wintergast macht Station bei Ihnen.

Diese Haussperlinge kennen wenig Scheu. Sie kommen sogar auf den Gartentisch, um Leckereien zu stibitzen.

STUNDE DER GARTENVÖGEL

Der Naturschutz-bund Deutschland e.V. (NABU) ruft jedes Jahr im Mai zur Mitmachaktion „Stunde der Gartenvögel" auf. Jeder kann dabei sein und in einer Stunde alle Vögel im Garten notieren und dem NABU melden, der die Daten auswertet. Allein 2012 wurden bundesweit in 28.233 Gärten 992.655 Vögel gezählt, Spitzenreiter war der Haussperling mit 151.065 Vögeln, gefolgt von Amsel und Kohlmeise. Näheres unter www.nabu.de

In Frühling und Herbst können auch Zugvögel in Ihren Garten kommen, mit denen Sie gar nicht gerechnet haben. Dann entdecken Sie vielleicht Mönchsgrasmücke oder Fitis. Auch ein Blick nach oben lohnt sich. Haben Sie einen überfliegenden Greifvogel entdeckt, z. B. Rotmilan oder Mäusebussard? Im Winter streifen viele Arten auf Nahrungssuche umher und kommen an die Futterstellen. „Der frühe Vogel fängt den Wurm": Das Sprichwort gilt für Vogel und Beobachter gleichermaßen. Genießen Sie in den frühen Morgenstunden im Frühling das eindrucksvolle Vogelkonzert.

Der Haussperling macht mit.

Und Sie?

Die Aktionen des NABU „Stunde der Gartenvögel" und „Stunde der Wintervögel" fordern jedes Jahr im Mai bzw. im Januar zum Mitmachen auf.

Gartenvögel
im Porträt

Die Größenangabe im Porträtkopf gibt
die **Länge** der Vögel von Schnabelspitze
bis Schwanzspitze an. Die Angabe
daneben zeigt das **Auftreten** der Vögel
bei uns (Monatsspanne oder ganzjährig,
d. h. das ganze Jahr über bei uns).

wie eine Amsel oder größer
S. 66–79

etwa so groß wie ein Spatz
S. 39–65

wie eine Blaumeise oder kleiner
S. 30–38

Wintergoldhähnchen   8,5–9,5 cm · ganzjährig

gelber Scheitel · schwarzes Knopfauge

Fliegengewicht: 5 Gramm bringt der kleinste europäische Vogel auf die Waage. Das Weibchen hat einen gelben, das Männchen einen gelb-orangefarbigen, schwarz eingerahmten Scheitel. Die Suche nach diesen Federbällchen ist nicht leicht. Am besten den Kopf weit in den Nacken legen, denn es turnt in den obersten Ästen.

GARTENTIPP: Als Brutvogel im Garten braucht es ein kleines Fichtenwäldchen. Kommt im Winter gerne an die Futterstellen. Wintergoldhähnchen lieben Fettfutter.

BEOBACHTUNGSTIPP

Ein hartes „Teck teck teck" oder ein schnarrendes „Drrrr" verrät: Jetzt herrscht Gefahr. Bestimmt ist Sperber oder Katze in der Nähe.

Zaunkönig 9–10,5 cm · ganzjährig

klein · gebogener Schnabel · gestelzter Schwanz

Klein, aber oho: Der Zaunkönig hat eine laute und kraftvolle Stimme. Seine kurze Strophe erschallt nicht nur im Frühling, sondern das ganze Jahr über. Der kleine, braune Vogel trägt seinen Schwanz meist steil nach oben. Er lebt unauffällig, huscht lautlos durch dichtes Gebüsch und sucht in Bodennähe nach kleinen Insekten.

GARTENTIPP: Seine aus Moos gebauten Kugelnester liegen gut versteckt in bodennahen Baumhöhlen oder hinter Efeu. Ein Holzstapel wird auch angenommen.

SCHON GEWUSST?

Obwohl der Zilpzalp meist in den Baumkronen unterwegs ist, brütet er sehr nah am Boden. Der Bau des kugelförmigen Nestes ist Frauensache.

Zilpzalp   10–12 cm · Mrz–Okt

dunkle Beine · graubraune Färbung

Der Zilpzalp zwitschert seinen eigenen Namen. Unverwechselbar und etwas monoton ruft er bis zu hundert Mal nacheinander „zilp zalp zilp zalp". Optisch ist der Zilpzalp von anderen Laubsängern nicht so einfach zu unterscheiden. Das graubraune Federkleid, die kurzen Flügel und die dunklen Beine sind wichtige Anhaltspunkte.

GARTENTIPP: Pflanzen Sie Weiden. Der Zilpzalp, auch Weidenlaubsänger genannt, dankt es Ihnen. Besonders im Frühjahr sammelt er von diesen Bäumen Insekten ab.

Fitis 11–12,5 cm · Apr–Sep

helle Beine · grünlich graue Färbung

Der Fitis sieht dem Zilpzalp sehr ähnlich. Mit etwas Übung erkennen Sie ihn auch mit dem Fernglas. Im Vergleich ist er meist etwas grünlicher oder gelblicher, die Beine sind heller und die Flügel länger. Der melodische, leicht abfallende Gesang ist aber immer noch das beste Bestimmungsmerkmal. Bevorzugt lichte Wälder.

GARTENTIPP: Achten Sie im Garten besonders zur Zugzeit im Frühling auf den Fitis. Er brütet allerdings nur in sehr großen und baumreichen Gärten.

BEOBACHTUNGSTIPP Zwillingsschwester: Die Weidenmeise ähnelt der Sumpfmeise (Foto) sehr. Die Weidenmeise hat aber ein schmales, helles Flügelfeld und einen größeren Kinnfleck.

Sumpfmeise   11–13 cm · ganzjährig
schwarze Kappe · schwarzer Kinnfleck

Obwohl sie Sumpfmeise heißt, findet man sie nicht im Sumpf. Die kleine, graubraune Meise mit dem typischen schwarzen Kopfmuster liebt Laub- und Mischwälder mit viel Altholz. Ihrem Revier und ihrem Partner bleibt sie ein Leben lang treu. Im Frühling und Sommer frisst sie zwar Insekten, lebt aber sonst lieber vegetarisch.

GARTENTIPP: Ihre liebsten Bruthöhlen sind alte Astlöcher mit möglichst schmalem Eingang, der für andere Meisen zu klein ist. Vor allem im Winter im Garten anzutreffen.

SCHON GEWUSST?

Die Überlebensrate der Jungvögel ist sehr hoch, da sie lange im Familienverband bleiben. Außerdem überstehen Haubenmeisen kalte Winter meistens gut.

Haubenmeise · 10,5–12 cm · ganzjährig

schwarz weiße Federhaube · schwarzer Kinnfleck

Die dreieckig aufgestellte Federhaube ist das Markenzeichen dieser Meise. Hat sie ihr Häubchen angelegt, ist sie aber auch an der schwarzen Kehle, dem schwarzweißen Kopfmuster und der graubraunen Oberseite erkennbar. Sie lebt in Nadel- und Mischwäldern, manchmal reicht ihr eine Nadelbaumgruppe im Garten.

GARTENTIPP: Kommt im Vergleich zu den anderen Meisen eher selten in den Garten. Geht im Winter auch an Futterstellen und legt in der Umgebung Vorräte an.

SCHON GEWUSST?

Mit bis zu 17 Eiern hat die Blaumeise reichlich Nachwuchs. Die braucht sie, denn nur ca. 15 % der Jungvögel überleben bis zum Frühjahr.

Blaumeise 10,5–12 cm · ganzjährig

blaue Kappe · gelber Bauch · grünlicher Rücken

Die Meise mit der blauen Kappe: Auch Nacken, Flügel und Schwanz leuchten blau. Das Gesicht ist weiß mit einem schwarzen Augenstreif und die Unterseite gelb. So turnt die niedliche Blaumeise geschickt durchs Geäst, hängt an den Zweigspitzen oder am Meisenknödel. Sie ist bei uns einer der häufigsten Vögel und lebt in fast jedem Garten.

GARTENTIPP: Mit Nistkästen können Sie den Blaumeisen im Garten eine Freude machen. Ist das Eingangsloch nur 26 – 27 mm breit, brauchen sie keine Konkurrenz zu fürchten.

Tannenmeise 10–11,5 cm · ganzjährig
weißer Nackenfleck · weißer Wangenfleck

Unsere kleinste Meise, die nur in Nadelwäldern auftaucht.
Dort hält sie sich gern in den Baumkronen auf, wo sie in
akrobatischen Manövern kleine Insekten von den Zweigen absammelt. Die Gesichtszeichnung ist der Kohlmeise
ähnlich, die Unterseite ist aber schmutzig weiß. Brütet oft
in Bodennähe, zwischen Wurzeln oder in Mauslöchern.

GARTENTIPP: Haben nord- und osteuropäische Vögel viel
Nachwuchs, wandern sie im Winter invasionsartig nach
Mitteleuropa und sind an Winterfutterstellen zu sehen.

SCHON GEWUSST?

Dieser nette Verwandte des Kanarienvogels stammt aus dem Mittelmeerraum. In den letzten 100 Jahren hat er sich bis zur Nordsee ausgebreitet.

Girlitz   11–12 cm · Mrz–Okt

kleiner Kopf · kurzer Schnabel · gelber Bürzel

Mit quietschendem Gesang, der an eine rostige Fahrradkette erinnert, thront der Girlitz auf Baumspitzen. Ansonsten ist der kleine, gelbliche, gestrichelte Vogel recht unauffällig. Sie können ihn aber auf dem Boden entdecken, wenn er dort nach kleinen Samen sucht. Lebt gerne in abwechslungsreichen Siedlungen, Parks und Alleen.

GARTENTIPP: Sein Nest baut er in dichte Koniferen. Lassen Sie ruhig ein paar Unkräuter stehen, möglichst an steinigen und kurzrasigen Stellen, wo er die Samen gut findet.

SCHON GEWUSST?

Pünktlich zum ersten Mai ist der Mauersegler zurück. Genauso schlagartig sind die meisten ab dem ersten August wieder weg.

Mauersegler   17–18 cm · Mai–Aug
schmale Flügel · helle Kehle

Der rasante Flieger mit den sichelartigen Flügeln und den typischen „srii srii"-Rufen saust im Sommer in Gruppen durch die Häuserschluchten mitten in der Stadt. So jagt er Luftplankton, also kleine, fliegende Insekten. Fast sein ganzes Leben verbringt er in der Luft, selbst in der Nacht. Nur zum Brüten unter Hausdächern muss er landen.

GARTENTIPP: Bringen Sie an geschützten Wandbereichen unter der Dachtraufe mehrere spezielle Nistkästen für Mauersegler mit freiem An- und Abflugbereich an.

Rauchschwalbe   17–21 cm · Apr–Okt
metallisch glänzende Oberseite • rote Stirn und Kehle

Ende März kommen die ersten Rauchschwalben aus dem Süden zurück. An ihrem zwitschernden Gesang und den langen Schwanzspießen sind sie gut zu erkennen. Ihre kunstvollen Lehmnester bauen sie im Inneren von Ställen, aber auch unter Brücken und hohen Torbögen. Sie bevorzugen also eher ländliche Siedlungen.

GARTENTIPP: Brütet eine Rauchschwalbe in ihrem Schuppen oder in der Garage, achten Sie darauf, dass die Fenster zum Ein- und Ausflug immer offen stehen.

Mehlschwalbe   13,5–15 cm · Apr–Okt
weiße Unterseite · blauschwarze Oberseite

Im Gegensatz zur Rauschschwalbe hat die Mehlschwalbe einen kürzeren, gegabelten Schwanz und einen leuchtend weißen Bürzel. Sie fliegt oft höher als Rauchschwalben und mit längeren Gleitphasen. Mehlschwalben lieben Gesellschaft und bauen ihre Tonnester aus 700 bis 1500 Lehmklümpchen gerne nah beieinander.

GARTENTIPP: Schrauben Sie Kunstnester unter das Dach oder legen Sie eine Schlammpfütze an. Zum Auffangen des Vogelkots helfen Kotbrettchen unter den Nestern.

Heckenbraunelle 13–14,5 cm · ganzjährig
Kopf und Brust blaugrau · braun gestreifter Rücken

Im Frühling singt die Heckenbraunelle hell und klirrend von Busch- und Baumspitzen. Den Rest des Jahres lebt sie dagegen sehr unauffällig und ist kaum zu sehen. Gut getarnt sucht sie ihre Nahrung am Boden, meist in der Deckung von dichten Gebüschen. Im Winter lässt sie sich auf der Suche nach Samen auch an Futterstellen sehen.

GARTENTIPP: Heckenbraunellen brauchen dichtes Gebüsch oder eine Koniferengruppe. Das Futter sollte möglichst kleine Samen für den feinen Schnabel enthalten.

BEOBACHTUNGSTIPP

Aufgepasst! Das Rotkehlchen sitzt ganz ruhig am Boden und wartet, dass sich ein Insekt bewegt. Es wird sauer, wenn es gestört wird.

Rotkehlchen   12,5–14 cm · ganzjährig
Gesicht und Brust orangerot · schwarzes Knopfauge

Das hübsche Rotkehlchen mit den schönen, schwarzen Knopfaugen und dem lieblichen, perlenden Gesang kann ganz schön garstig werden, wenn es in seinem Revier gestört wird. Dann kommt es zu heftigen Streitereien mit anderen Kleinvögeln und selbst Mäuse werden gemobbt. Sein Nest baut es in Höhlungen in Bodennähe.

GARTENTIPP: Zum Brüten benötigen Rotkehlchen buschreiche, naturbelassene Bereiche. Im Winter kommen sie gerne an Bodenfutterstellen, sie lieben Fettfutter.

SCHON GEWUSST?

Der Hausrotschwanz ist eigentlich ein Bewohner der Berge und Felswände. Häuserschluchten bieten ihm einen guten Ersatz.

Hausrotschwanz   13–14,5 cm · Mrz–Okt

orangeroter Schwanz · rußschwarzer Körper

Mit einem kratzenden Gesang leitet das schwarzgraue Hausrotschwanz-Männchen als erster um vier Uhr früh das Morgenkonzert ein. Sein Weibchen ist eher braungrau gekleidet. Typisch für beide ist das Knicksen und Schwanzzittern. Hausrotschwänzchen leben auch in dicht besiedelten Gebieten.

GARTENTIPP: In der Stadt baut der Hausrotschwanz seine Nester in Häusernischen und -spalten. Er nimmt auch Nistkästen für Halbhöhlenbrüter an.

Gartenrotschwanz 13–14,5 cm · Apr–Okt
schwarzes Gesicht · orangerote Unterseite

Im April kehren die Gartenrotschwänze aus ihrem
Winterquartier in Afrika zurück. Die Männchen sind
sehr farbenprächtig und singen frühmorgens von Baumspitzen. Die Weibchen sind bis auf den roten Schwanz
hellbraun. Benötigen große Gärten, Streuobstwiesen
oder lichte Wälder. Hier beginnen sie ab Mai mit der Brut.

GARTENTIPP: Nistkästen mit ovalem Einflugloch sind ideal.
Da der Gartenrotschwanz recht spät mit der Brut anfängt,
profitiert er von einem großen Angebot an Nistkästen.

SCHON GEWUSST?

Bachstelzen bilden außerhalb der Brutsaison oft Schlafgemeinschaften. Sie achten aber peinlichst darauf, einen Abstand von ca. 17 cm einzuhalten.

Bachstelze 16,5–19 cm · Mrz–Okt
langer Schwanz · schwarzer Kehllatz

Mit schnellen Trippelschritten jagt die hübsche, schwarz-
weiße Bachstelze auf kurzrasigen Wiesen Insekten
hinterher. In den kurzen Pausen wippt sie dabei sehr
typisch mit dem Schwanz. Trotz ihres Namens kommt sie
auch abseits von Gewässern vor, besonders in Dörfern.
Bachstelzen fliegen im Winter ans Mittelmeer.

GARTENTIPP: Als Halbhöhlenbrüter nimmt die Bachstelze
auch Nistkästen an. Bevorzugt aber natürliche Nischen
in Holzstapeln, Gebäuden oder Schutthaufen.

Mönchsgrasmücke   13,5–15 cm · Apr–Okt
schwarze oder braune Kappe · flötender Gesang

Das Männchen schmückt sich mit einem schwarzen, das Weibchen mit einem braunen Käppchen. Damit lässt sich die Mönchsgrasmücke eindeutig bestimmen. Der Gesang ist wunderschön, klar und schwatzend. Ist eine Katze oder ein Sperber in der Nähe, ertönt aus dem Gebüsch der Warnruf der Mönchsgrasmücke, ein scharfes „Teck teck".

GARTENTIPP: Die Insektenfresserin mit dem feinen, spitzen Schnabel frisst im Herbst aber auch viele Beeren, wie Holunder, Brombeeren, Hartriegel oder Eibe.

Gartengrasmücke   13–14 cm · Mai–Sep

hastiger Gesang · schwarzes Auge

Ihr schwarzes Auge fällt auf. Ansonsten trägt sie ein braungraues, unscheinbares Kleid. Ihr Gesang ähnelt dem der Mönchsgrasmücke, ist aber nicht so flötend. Er setzt sich zusammen aus schnellen, schwatzenden, längeren Strophen. Der Name Gartengrasmücke ist irreführend, es sei denn, der Garten ist sehr gebüsch- und baumreich.

GARTENTIPP: Wie die anderen Grasmücken auch, mag sie im Herbst beerenreiche Sträucher. Für den Flug ins Winterquartier muss sie ihr Gewicht fast verdoppeln.

Klappergrasmücke   11,5–13,5 cm · Apr–Sep
graubraune Oberseite · weiße Kehle

Mit einem lauten „Klapp klapp klapp ..." endet ihr leises Geschwätz. Das hat der Klappergrasmücke im Volksmund den Namen Müllerchen eingebracht. Der heimliche Vogel zeigt sich am ehesten an der Vogeltränke oder im Herbst an den Beeren des Holunderstrauchs. Sonst bleibt er lieber im dichten Gebüsch verborgen.

GARTENTIPP: Klappergrasmücken mögen dichtes und dorniges Gebüsch wie Heckenrosen und Brombeeren und lassen sich damit in den Garten locken.

Gelbspötter   12–13,5 cm · Mai–Aug

gelbliche Unterseite · helles Flügelfeld

Auf den ersten Blick sieht er dem Fitis recht ähnlich. Er ist aber etwas größer, der Kopf ist eckiger, der Schnabel kräftiger und die Beine sind blaugrau. Seinen Namen verdankt er dem reichen Repertoire an Imitationen, die er in seinem schnellen, manchmal etwas schiefen Geschwätz unterbringt. Kommt erst im Mai aus dem Winterquartier.

GARTENTIPP: Brütet gerne in feuchter Umgebung, z. B. in Auwäldern, aber auch in Feldgehölzen und Parkanlagen. Das napfförmige Nest wird in eine Astgabel geflochten.

SCHON GEWUSST?

Hat der Grauschnäpper eine Wespe oder Biene erbeutet, schlägt oder drückt er sie gegen eine Unterlage, bis der Stachel entfernt ist.

Grauschnäpper   13,5–15 cm · Mai–Sep

gestrichelter Scheitel · graues Gefieder

Ein trockener Ast oder eine Bohnenstange dienen dem Grauschnäpper als Aussichtswarte. Entdeckt er ein fliegendes Insekt, startet er und schnappt es geschickt mit seinem spitzen, breiten Schnabel in der Luft. Aus der Nähe ist sein gräuliches Gefieder mit der gestrichelten Brust erkennbar. Der Grauschnäpper ruft hell „ssri".

GARTENTIPP: Ein lockerer Baumbestand, eine begrünte Hauswand mit einem Halbhöhlen-Nistkasten und Ansitzwarten können den Nischenbrüter anlocken.

Kohlmeise 13,5–15 cm · ganzjährig
schwarzer Kopf · weiße Wange · gelbe Unterseite

Unsere größte Meise gewinnt meistens den Streit um eine Bruthöhle. Sie brütet zweimal im Jahr je sechs bis zwölf Eier aus. Die leuchtend gelbe Unterseite mit dem schwarzen Mittelstreif ist das Markenzeichen der Kohlmeise. Der schwarze Bauchstreif ist beim Weibchen jedoch dünner und das Schwarz am Kopf glänzt weniger.

GARTENTIPP: Nistkästen sind beliebt. Im Winter kommen Kohlmeisen gerne an Futterstellen. Mit gezielten Schnabelhieben öffnen sie auch Sonnenblumenkerne.

BEOBACHTUNGSTIPP

Achten Sie im Winter auf die Kopfzeichnung: Neben den streifenköpfigen Meisen gibt es weißköpfige aus Nord- und Osteuropa.

Schwanzmeise   13–15 cm · ganzjährig

gestreifter Kopf · langer Schwanz · winziger Schnabel

Die schwarz-weißen Federbällchen mit langem Schwanz sind selten allein unterwegs. Das Schwanzmeisen-Pärchen ist immer nah beieinander, wenn es nicht gerade brütet. Außerhalb der Brutzeit streifen Schwanzmeisen in kleinen Trupps von 10 bis 20 Vögeln durchs Geäst. Oft kündigen sie ihr Kommen mit schnarrenden Rufen an.

GARTENTIPP: Hat ein Trupp einen ergiebigen Futterplatz im Garten entdeckt, kommt er gerne wieder. Besonders Fettfutter wie Meisenknödel ist beliebt.

BEOBACHTUNGSTIPP

Raffiniert steckt der Kleiber Samen in die Ritzen grober Rinde in Futterplatznähe, um sie anschließend geschickt aufzuhacken.

Kleiber   12–14,5 cm · ganzjährig

schwarzer Augenstreif · kräftiger Schnabel · blaugraue Oberseite

Kopfüber sitzt der Kleiber am Stamm und streckt aufmerksam den Kopf nach vorn. Er ist der einzige heimische Vogel, der mit dem Kopf voran einen Baum herunterläuft. Dabei nimmt er noch nicht einmal seinen kurzen Schwanz zu Hilfe. Seine Stimme ist kräftig, mit lauten Pfeiftönen „tweet tweet" warnt er vor Gefahren.

GARTENTIPP: Höhlenbrüter, nimmt Nistkästen an. Ist ihm das Loch zu groß, verkleinert er es mit Lehm. Ist es zu klein, vergrößert er es mit seinem kräftigen Schnabel.

Gartenbaumläufer 12–13,5 cm · ganzjährig
gebogener Schnabel · braun-weiß gefleckte Oberseite

Mit seinem Federkleid setzt er voll auf Tarnung. Durch
die rindenfarbene Oberseite ist er am Baumstamm kaum
zu entdecken. Wie eine Maus huscht er spiralförmig
den Stamm hinauf, gehalten von seinen langen Krallen
und gestützt von seinem Schwanz. Mit dem gebogenen
Schnabel sucht er nach Insekten in den Ritzen.

GARTENTIPP: Brütet in schmalen Baumritzen oder -spal-
ten. Es gibt für ihn spezielle Nistkästen mit Eingang am
Stamm. Geeignet für große, baumreiche Gärten.

Haussperling, Hausspatz   14–16 cm · ganzjährig
graue Kappe · graubraunes Gefieder · schwarzer Schnabel

Der „freche" Spatz hat mit seiner Anpassungsfähigkeit
die ganze Welt erobert. Doch in den letzten Jahren gehen
die Bestände rasant zurück. Durch die Sanierung der Häu-
ser gehen viele Brutplätze verloren, weil die Vögel keine
Lücken zum Nestbau mehr finden. Den Weibchen fehlt
der schwarze Kehllatz und die markante Kopfzeichnung.

GARTENTIPP: Spatzen sind sehr gesellig, so können Sie
mehrere Nistkästen nebeneinander aufhängen. Große
Schalen mit feinem Sand nutzen sie gerne für Sandbäder.

BEOBACHTUNGSTIPP

Warum verschwinden sie im Winter, auch zu mehreren, in Nistkästen? Genau, sie nutzen diese Brutstellen als sicheren Schlafplatz.

Feldsperling, Feldspatz   12,5–14 cm · ganzjährig
dunkler Wangenfleck · braune Kappe

Seinen Namen trägt er zu Recht, denn im Gegensatz zum Haussperling meidet der Feldsperling dicht besiedelte Städte und lebt lieber am Stadtrand oder in Dörfern. Männchen und Weibchen sehen gleich aus und sind leicht an der braunen Kopfplatte und dem schwarzen Wangenfleck zu erkennen. Bildet oft große Trupps.

GARTENTIPP: Der Feldsperling benötigt eine dichte Hecke, um sich bei Gefahr darin zu verstecken. Fehlen natürliche Baumhöhlen, nimmt er auch Nistkästen an.

Bluthänfling   12,5–14 cm · ganzjährig

rote Brust · rote Stirn · grauer Kopf

Der Spezialist für kleine Samen! Auch seine Jungen füttert der Bluthänfling damit. Daher sucht er meist am Boden nach Nahrung, besonders an Wegrändern und auf Ödlandflächen. Sein Nest baut er sehr bodennah in dichtes Gebüsch. Der Bewohner von offenen Landschaften mit Hecken kommt auch in die Randbereiche von Siedlungen.

GARTENTIPP: Im Sommer gerne am Gartenteich oder an der Vogeltränke. Im Winter an den Futterstellen, wenn kleine Samen wie Hanf dabei sind.

SCHON GEWUSST?

Ursprünglich war der Birkenzeisig ein Bewohner der Bergnadelwälder. Nadelforste und Ziergehölze im Garten haben ihn ins Tiefland gelockt.

Birkenzeisig   11,5–14 cm · ganzjährig

rote Stirn · gelber Schnabel · schwarz um Schnabel

Mit der roten Brust und der roten Stirn sieht der Birkenzeisig dem Bluthänfling auf den ersten Blick sehr ähnlich. Doch der Birkenzeisig wirkt mit dem kleinen Schnabel viel zierlicher. Dem Weibchen fehlt die rötliche Brustfärbung. Birkenzeisige fallen meist erst im Winter auf, wenn sie wie Meisen kopfüber an den Zweigen hängen.

GARTENTIPP: Fressen gerne die kleinen Samen von Birken und Erlen. Zum Brüten bevorzugen sie aber Nadelbäume wie Fichten oder Wacholder.

SCHON GEWUSST?

Der Buchfink ist die häufigste Brutvogelart Europas. Auch wenn er nicht so auffällig wie manch andere Vogelart ist.

Buchfink   16,5–18 cm · ganzjährig

farbiges Gefieder · zwei weiße Flügelbinden

„Bin ich nicht ein schöner Bräutigam?", schallt es ab März durch Wälder, Parks und Gärten. Das ist eine lautmalerische Umschreibung des Buchfinkengesangs. Und es stimmt: In seinem rostroten und grauen Kleid sieht er prächtig aus. Das Weibchen ist blasser gefärbt, aber auch gut an den zwei weißen Flügelbinden zu erkennen.

GARTENTIPP: Buchfinken suchen ihre Nahrung gern am Boden. So hüpfen sie im Winter unter die Futterhäuschen und schauen, was an Körnern runtergefallen ist.

Stieglitz, Distelfink   12-13,5 cm · ganzjährig

bunter Kopf · weißer Bürzel · gelbes Flügelfeld

Das rote Clowngesicht mit dem Pinzettengriff: Der Stieglitz hat den längsten und spitzesten Schnabel. Er setzt ihn wie eine Pinzette ein und kommt an Samen heran, die für andere unerreichbar sind. So ist er ein Spezialist für Distelsamen, weshalb er auch Distelfink genannt wird. Distelfinken sind gesellig und meist in Trupps unterwegs.

GARTENTIPP: Lassen Sie im Garten eine Ecke für hohe Stauden wie Wilde Karde, Kletten, Disteln oder Sonnenblumen. Am Futterhaus frisst er die kleinen Samen.

BEOBACHTUNGSTIPP

Es ist nicht einfach, die scheuen Kernbeißer zu entdecken. Suchen Sie die Baumkronen ab. Auf den Boden kommt er nur zum Trinken.

Kernbeißer   16,5–18 cm · ganzjährig

kräftiger Schnabel · schwarze Gesichtsmaske

Er knackt selbst die härtesten Nüsse: Für den gerade mal 55 g schweren Kernbeißer kein Problem. Mit seinem starken Schnabel erzeugt er einen Druck von bis zu 50 kg und öffnet damit die härtesten Samen, sogar Kirschkerne. Im Flug fällt neben dem kurzen „zick"-Ruf besonders das Weiß im Schwanz und Flügel auf.

GARTENTIPP: Er brütet eher in großen Parks und in Wäldern, kommt aber im Winter auch ans Futterhaus, wo ihm die anderen Vögel respektvoll Platz machen.

SCHON GEWUSST?

Sein Gesang ist ihm nicht in die Wiege gelegt, er lernt ihn von den Eltern. So wurde er früher als Haustier gehalten, um Lieder nachzupfeifen.

Gimpel, Dompfaff   15,5–17,5 cm · ganzjährig
schwarze Kappe · weißer Bürzel · rote Unterseite

Der geheimnisvolle Gimpel tritt nur im Winter in Erscheinung. Im Sommer bekommen Sie ihn trotz seiner auffällig leuchtend roten Unterseite kaum zu Gesicht. Denn außer einem leisen „djü" macht er kaum auf sich aufmerksam. Im Gegensatz zu anderen Finken fliegen Gimpel nur in kleinen Familienverbänden umher.

GARTENTIPP: Kommt vor allem im Winter in die Gärten, denn er brütet in Mischwäldern und Parks. Männchen und Weibchen sind fast immer zusammen unterwegs.

Grünling, Grünfink 14–16 cm · ganzjährig

gelbes Flügelfeld · grün-gelbliches Gefieder

Der Grünling ist ein kräftiger und selbstbewusster Fink, der am Futterhaus gern den Chef spielt und die anderen Vögel vertreibt. Mit seinem kräftigen Schnabel knackt er harte Samen, kann aber auch geschickt kleine Samen mit Schnabel und Zunge öffnen. Im Flug ruft er „jüp jüp jüp", sonst hört man oft ein gequetsches „dschrüüüüh".

GARTENTIPP: Der Grünling baut sein Nest gerne in immergrüne Sträucher, besonders in Koniferen. So ist er in den letzten Jahren ein häufiger Gartenvogel geworden.

Goldammer   15,5–17 cm · ganzjährig
gelbliches Gefieder · rotbrauner Bürzel

Die Goldammer ist ein sehr ausdauernder Sänger. An einem Sommertag singt das Männchen bis zu 7000 Mal „Ich ich ich hab dich so lie-ieb", selbst in der größten Mittagshitze, wenn alle anderen Vögel Pause machen. Lebt besonders in strukturreicher Kulturlandschaft, ist sehr gesellig und viel auf dem Boden unterwegs.

GARTENTIPP: Goldammern kommen am ehesten in ländlichen Siedlungen bis in die Gärten. Im Winter freuen sie sich über Haferflocken an einer Bodenfutterstelle.

SCHON GEWUSST?

Der Schnabel des Grünspechts ist nicht so robust wie der anderer Spechte, da er nur im weichen Holz oder in der Erde stochert.

Grünspecht   30–36 cm · ganzjährig
rote Kopfplatte · schwarze Augenmaske

Mit seiner 10 cm langen Zunge macht der Grünspecht Jagd auf Wiesenameisen, seine Lieblingsspeise – dabei ist er bestens getarnt in seinem gelblich grünen Gefieder. Das Männchen hat einen roten, schwarz eingerahmten Bartstreif. Trommeln hört man es nur selten, dafür schallt der laute, lachende Ruf „kjück kjück kjück …" weit.

GARTENTIPP: Für den Nestbau braucht er bereits faulendes Holz, oder er sucht sich eine schon vorhandene Baumhöhle. In Nistkästen zieht er nicht ein.

Buntspecht   23–26 cm · ganzjährig

rote Unterschwanzdecken · schwarz-weißes Gefieder

In den letzten Jahren macht sich der schwarz-weiße Buntspecht bei Hausbesitzern sehr unbeliebt. Denn er hat herausgefunden, dass sich die Dämmung wie morsches Holz anhört. So ein Loch zur Futtersuche ist leicht gehackt. Unser häufigster Specht besiedelt selbst Großstädte, Hauptsache, es gibt Bäume für die Futtersuche.

GARTENTIPP: Lassen Sie für den Buntspecht alte Bäume stehen. Im Winter frisst er gerne Nüsse und hängt sich auch an die lecker fettigen Meisenknödel.

SCHON GEWUSST?

Ringeltauben müssen nicht wie andere Vögel Schluck für Schluck durch die Kehle rinnen lassen, sondern können Wasser aufsaugen.

Ringeltaube   38–43 cm · ganzjährig
blaugraues Gefieder · weißer Halsfleck · gelber Augenring

Massiv und imposant thront unsere größte Taube in Parks und Gärten. Der ehemalige Waldvogel hat einen weißen Halsfleck und ein im Flug sichtbares weißes Flügelband („Ringel"). Eine aufgeschreckte Ringeltaube fliegt mit einem klatschenden Flügelgeräusch auf. Damit will sie den potentiellen Feind erschrecken und verwirren.

GARTENTIPP: Ringeltauben brüten oft schon im Februar. So kommen sie auf drei bis vier Bruten im Jahr. Das Nest besteht aus schlampig zusammengestellten Zweigen.

Straßentaube   29–35 cm · ganzjährig
graublaues Gefieder · schwarze Flügelstreifen

Tauben gehören zu den ältesten Haustieren. Vor ca.
7000 Jahren begann die Zucht aus der wilden Felsentaube.
Viele Straßentauben sehen ihr auch heute noch ähnlich,
aber es gibt sie auch mit bräunlichem, schwärzlichem
oder weißlichem Gefieder. Unsere Innenstädte – ähnlich
der ursprünglichen Felslebensräume – haben sie erobert.

GARTENTIPP: Das Füttern ist in vielen Städten verboten.
Straßentauben gelten als Krankheitsüberträger und ihr
Kot verunreinigt und schädigt Gebäude.

Türkentaube   31–34 cm · ganzjährig
beigegraues Gefieder · schwarzer Nackenstreif

Nicht einmal die Römer waren bei ihren Eroberungen so erfolgreich wie die Türkentaube. Ab 1900 hat die kleine, langschwänzige Taube, von der Türkei aus, in nur 100 Jahren fast ganz Europa besiedelt. Sie kann sogar bis zu sechs Bruten im Jahr schaffen. Ihr dreisilbiger Ruf „hu huuh hu" ist aus unseren Gärten nicht mehr wegzudenken.

GARTENTIPP: Im Sommer nutzen die Türkentauben gerne Vogeltränken oder Gartenteiche, um ihren Durst zu löschen. Im Winter picken sie Körner am Futterplatz auf.

BEOBACHTUNGSTIPP

Ein Stein mit kaputten Scheckenhäusern? Diesen Platz nutzt wohl eine Singdrossel als „Drosselschmiede". Dort zerschlägt sie Schneckenhäuser.

Singdrossel   20–22 cm · Mrz–Okt

schwarz gefleckte Unterseite · braune Oberseite

Sie ist eine Geheimniskrämerin und sucht in der sicheren Deckung von Gebüsch- oder Waldrändern nach Nahrung. Oft verrät sich die Singdrossel erst durch das Rascheln des Laubs. Ihr Gesang ist alles andere als heimlich. Von Baumspitzen aus singt sie ihre lauten, flötenden Melodien aus zwei- bis dreimal wiederholten Motiven.

GARTENTIPP: Neben Insekten und Würmern frisst die Singdrossel Wildfrüchte, auch für Menschen giftige Arten wie Efeu (Foto) oder Eibe. Geht gerne an die Vogeltränke.

Amsel, Schwarzdrossel   23,5–29 cm · ganzjährig
gelber Schnabel · schwarzes Gefieder

Aus der scheuen Waldamsel ist in den letzten 150 Jahren ein angepasster Stadt- und Gartenbewohner und ein häufiger Gast am Futterhaus geworden. Der melodische Gesang des schwarzen Amsel-Männchens läutet den Frühling ein. Das braune Weibchen brütet bis zu drei Mal im Jahr. In milden Gebieten geht's schon im März los.

GARTENTIPP: Amseln suchen sich ausgefallene Brutplätze, z. B. Balkonkästen, und tolerieren auch starke Störungen. Die Chance für tolle Beobachtungen bei der Aufzucht.

Wacholderdrossel   22–27 cm · ganzjährig

grauer Kopf · brauner Rücken · beige Brust

Wacholderdrosseln sind gesellig. Sie brüten in kleinen
Kolonien und verteidigen ihre Nester gemeinschaftlich
gegen ihre Feinde. Störenfriede werden sogar gezielt
mit Kot bespritzt. Ihre schackernden Rufe sind nicht zu
überhören. In alten Märchen heißen sie Krammetsvögel,
aus dem Mittelhochdeutschen *kranewite* = Wacholder.

GARTENTIPP: Als Allesfresser kommt die Wacholderdrossel
im Winter gerne ans Futterhäuschen und frisst bevorzugt
Äpfel und Birnen, nimmt auch Haferflocken und Nüsse.

SCHON GEWUSST?

Wie ein Kuckuck: Stare legen ihre Eier manchmal in die Nester ihrer Artgenossen und entfernen sogar ein Ei, damit es nicht auffällt.

Star   19–22 cm · Feb–Nov

Gefieder schwarz · metallisch glänzend · gelber Schnabel

Der Perlstar trägt das schönste Kleid, obwohl es das Schlichtkleid ist: schwarz, metallisch glänzend mit gelblich weißen Punkten. Zum wahren Star gehört auch der schreitende Gang, der ihn von der hüpfenden Amsel unterscheidet. Stare sind gute Imitatoren und können sogar Geräusche wie Telefonklingeln nachahmen.

GARTENTIPP: Er dient nicht der Verkehrsüberwachung, sondern lockt den Star in den Garten, der große Staren-kasten mit einem Lochdurchmesser von 45 mm.

SCHON GEWUSST?

Bis zu
5000 Eicheln
versteckt er als
Wintervorrat im
Boden, bis zu zehn
passen dabei in den
Kropf. Die meisten
findet er wieder!

Eichelhäher 32–35 cm · ganzjährig
blauschwarzes Flügelfeld · schwarzer Bartstreif

„Krschääh!" Mit diesem krächzenden Ruf macht der
vorsichtige Eichelhäher auf Gefahren aufmerksam, egal
ob Habicht, Marder oder Mensch. Im Herbst und Winter
ist er in seinem braunrosa Gefieder öfter zu sehen. Dann
streift er auf Futtersuche durch die Gegend. Im Flug
fallen seine breiten Flügel und der weiße Bürzel auf.

GARTENTIPP: Am Futterhaus schnappt er sich schnell die
dicken Körner wie Nüsse, Sonnenblumenkerne und Mais
und sucht sich dann einen ruhigen Platz zum Fressen.

Elster 40–51 cm · ganzjährig
schwarz-weißes Gefieder · langer Schwanz

Die „diebische" Elster hat als Nestplünderin einen
schlechten Ruf, obwohl sie keinen Einfluss auf die Sing-
vogelbestände hat. Sie ist schlau, vorsichtig, neugierig
und frisst fast alles. Sie sucht sogar auf dem Komposthaufen nach Nahrung. Mit den metallisch glänzenden
Flügeln und Schwanzfedern kann sie sich sehen lassen!

GARTENTIPP: Achten Sie darauf, wie sie ihr Revier mar-
kiert: Mit selbstbewusster Präsentation ohne Gesang
sitzt sie auf Baumspitzen und spielt mit dem Schwanz.

SCHON GEWUSST?

Die Raben-
krähe hat eine
Zwillingsschwester:
Östlich der Elbe
lebt die Nebelkrähe.
Noch vor 20 Jahren
galten sie als
eine Art.

Rabenkrähe 44–51 cm · ganzjährig

kräftiger Schnabel · schwarzes Gefieder

Dieser schwarze Geselle ist kein Rabe. Die Rabenkrähe
ist deutlich kleiner als der echte Kolkrabe mit dem keil-
förmigen Schwanz. Mit ihren lauten „kraah"-Rufen macht
sie besonders im Winter auf sich aufmerksam. In großen
Gruppen fällt sie abends in die Schlafbäume ein. Ein
Rabenkrähen-Paar bleibt ein Leben lang zusammen.

GARTENTIPP: Als Allesfresser findet sie in Siedlungen ein
reiches Nahrungsangebot. So sucht sie auch regelmäßig
Komposthaufen und Mülleimer nach Fressbarem ab.

Sperber 29–41 cm · ganzjährig
gebänderte Unterseite · langer Schwanz · breite Flügel

Als Überraschungsjäger kommt er rasant um Hausecken geflogen und ist gleich wieder verschwunden. Auf der Jagd nach Vögeln greift das deutlich kleinere Männchen mit der blaugrauen Oberseite eher zur kleineren Beute, z. B. Amseln, und überlässt dem großen, oberseits braunen Weibchen die größeren Brocken, z. B. Tauben.

GARTENTIPP: Achten Sie auf die Warnrufe von Bachstelzen oder Schwalben. Häufig ist ein Sperber der Grund. Futterstellen sind im Winter beliebte Jagdgebiete.

SCHON GEWUSST?

Eulen können ihre Augen nicht bewegen, daher der starre Blick. Dafür können sie den Kopf um bis zu 270° nach hinten drehen.

Waldkauz   37–43 cm · ganzjährig

dunkle Augen · runder Kopf · kurzer Schwanz

Was wäre eine dunkle, schaurige Krimi-Szene ohne das „Huuuuh hu hu hu huuu" des Waldkauzes im Hintergrund? Auch sein scharfes „kuitt" („komm mit") wurde früher als Todesbotschaft gedeutet. Der Tod kommt mit lautlosem Flug und scharfen Augen und Ohren, allerdings für seine Beute: Mäuse, Vögel oder Insekten.

GARTENTIPP: Zum Brüten braucht er alte Bäume mit großen Höhlen oder sehr geräumige Nistkästen. Er brütet auch in alten Gemäuern oder stillgelegten Schornsteinen.

Nützliche Adressen

Naturschutzbund Deutschland e. V. (NABU)
NABU-Bundesgeschäftsstelle
Charitéstraße 3, D-10117 Berlin
www.nabu.de

LBV – Landesbund für Vogelschutz in Bayern e. V.
Eisvogelweg 1, 91161 Hilpoltstein
www.lbv.de

BirdLife Österreich – Gesellschaft für Vogelkunde
Museumsplatz 1/10/8, A-1070 Wien, Österreich
www.birdlife.at

Schweizer Vogelschutz SVS/BirdLife Schweiz
Wiedingstraße 78, CH-8036 Zürich
www.birdlife.ch

Vivara Naturschutzprodukte
Postfach 2520
D-41312 Nettetal-Kaldenkirchen
www.vivara.de

SCHWEGLER Vogel- und
Naturschutzprodukte GmbH
Heinkelstraße 35
D-73614 Schorndorf
www.schwegler-natur.de

Zum Weiterlesen

Barthel, P. H., Dougalis, P. (2013): Was fliegt denn da? Der Klassiker. Alle Vogelarten Europas. Mit Farbzeichnungen, KOSMOS.

Berthold, P., Mohr, G. (2012): Vögel füttern, aber richtig, Das ganze Jahr füttern, schützen und sicher bestimmen. 112 Seiten, KOSMOS.

Dierschke, V. (2007): Welcher Vogel ist das? Die neuen Kosmos-Naturführer, 256 Seiten, KOSMOS.

Haag, H., Walentowitz, S. (2012): Mein erstes Was fliegt denn da? Unsere 50 wichtigsten Vögel kennen lernen. Mit TING-Hörstift-Funktion. 64 Seiten, ab 8 Jahren, KOSMOS.

Oftring, B. (2012): NaturLust. Draußen mehr erleben! Das Jahreszeitenbuch für die ganze Familie. 144 Seiten, KOSMOS

Richarz, K. (2009): Ein Heim für Gartenvögel, Vögel beobachten, Nistkästen und Futterhäuser bauen. 80 Seiten, KOSMOS.

Schmid, U. (2012): Welcher Gartenvogel ist das? 100 Arten beobachten und erkennen. Mit TING-Hörstift-Funktion. 192 Seiten, KOSMOS.

Singer, D. (2011): Was fliegt denn da? Der Fotoband. 346 Vogelarten Europas. Mit TING-Hörstift-Funktion. 400 Seiten, KOSMOS

Singer, D., Roché, J. C. (2010): Alle Vögel sind schon da, Vogelbuch, Stimmen-CD, Faltplan. 128 Seiten, KOSMOS

Die fett gedruckten Ziffern geben die Porträtseiten der Vögel an, alle anderen verweisen auf weitere Textstellen und Bilder.

Umschlaggestaltung von Walter Typografie & Grafik GmbH unter Verwendung zweier Aufnahmen von Frank Hecker. Die Umschlagvorderseite und die Umschlagrückseite zeigen Blaumeisen.

Mit 109 Farbfotos, davon 83 Fotos von Frank Hecker. Weitere Fotos: 2 von Friedhelm Adam (U2: 2. Z. li., S. 34), 4 von Blickwinkel (S. 30, 38, 39, 55), 3 von Manfred Danegger (U2: 3. Z. li., S. 35, 76), 1 von Jürgen Diedrich (S. 78), 1 von Thomas Grüner (S. 73), 1 von Holger Haag (S. 24), 1 von Adam Klees (S. 42), 4 von Frank Leo/fokus-natur.de (S. 2/3, 7, 23 o., 25), 1 von Christoph Moning (S. 61), 1 von Günter Moosrainer (S. 58), 2 von Torsten Pröhl/fokus-natur.de (S. 10, 66), 5 von Peter Zeininger (S. 1: 3. Z. re., 31, 79, 88 u. re., 89 u. li.). Mit einer Farbillustration auf den Seiten 28/29 von Wolfgang Lang.

Unser gesamtes lieferbares Programm und viele weitere Informationen zu unseren Büchern, Spielen, Experimentierkästen, DVDs, Autoren und Aktivitäten finden Sie unter **kosmos.de**

MIX
Papier aus verantwortungsvollen Quellen
FSC® C015829
www.fsc.org

ISBN 978-3-440-11065-2
Redaktion: Stefanie Tommes
Gestaltung und Satz: Walter Typografie & Grafik GmbH
Produktion: Markus Schärtlein
Printed in Italy / Imprimé en Italie

KOSMOS.

Natürlich kreativ.

Anne Rogge | Geschenke aus der Natur
144 S. 130 Abb., €/D 14,99

Passende Mitbringsel für jede Jahreszeit!

Liebevoll selbst gemachte Geschenke kommen immer gut
an. Ob kulinarische Genüsse aus der eigenen Küche, wohl
duftende Wellness-Produkte aus dem eigenen Garten: Wer
gerne etwas ganz Besonderes verschenkt, findet in diesem
Ratgeber Inspiration, eine Fülle von raffinierten Rezepten
und genaue Anleitungen zum Selbermachen. Insektenhotel,
Landart-Kalender oder Nistkasten? Einfach ausprobieren!

kosmos.de/natur

KOSMOS.
Interaktiv erleben.

→ Die 36 beliebtesten heimischen Gartenvögel im Porträt

→ Schnabelsynchrone Filme zu jeder Art

→ Infotexte zu allen Vogelarten

→ Eigene Sichtungen können in einer Liste angelegt werden

→ Auch als Android

Gartenvögel
App, €/D 0,89

→ Die 36 häufigsten Vögel am Futterhaus im Porträt

→ Schnabelsynchrone Filme zu jeder Art

→ Infotexte zu allen Vogelarten

→ Alles Wichtige zur Fütterung

Vögel füttern und erkennen
App, €/D 0,89

kosmos.de

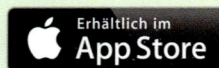

Vögel beobachten
mit dem NABU

Aktionen,
Tipps und
Termine unter
www.NABU.de

Die Vogeluhr

Der frühe Morgen ist die beste Zeit, dem Gesang der verschiedenen Vögel zu lauschen. Denn sie setzen hintereinander ein und die Stimmen lassen sich gut einprägen. Die Uhrzeiten sind natürlich ungefähre Angaben, die von Datum und Lage abhängen. Sie gelten hier für Mitteldeutschland, ca. Mitte Mai.

a Hausrotschwanz

4:00 Uhr
S. **44**

b Rotkehlchen

4:10 Uhr
S. **43**

c Amsel

4:15 Uhr
S. **72**

d Zaunkönig

4:20 Uhr
S. **31**